国家生态文明试验区（海南）实施方案

人民出版社

图书在版编目（CIP）数据

国家生态文明试验区（海南）实施方案. —北京：人民出版社，
2019.5

ISBN 978-7-01-020814-5

Ⅰ.①国… Ⅱ. Ⅲ.①生态环境建设-实验区-海南
Ⅳ.①X321.266

中国版本图书馆 CIP 数据核字（2019）第 088495 号

国家生态文明试验区（海南）实施方案

GUOJIA SHENGTAI WENMING SHIYANQU(HAINAN)SHISHI FANG'AN

人民出版社 出版发行

（100706 北京市东城区隆福寺街 99 号）

北京新华印刷有限公司印刷　新华书店经销

2019 年 5 月第 1 版　2019 年 5 月北京第 1 次印刷
开本：880 毫米×1230 毫米 1/32　印张：1
字数：15 千字

ISBN 978-7-01-020814-5　定价：2.50 元

邮购地址 100706　北京市东城区隆福寺街 99 号
人民东方图书销售中心　电话 （010）65250042　65289539

目　　录

国家生态文明试验区（海南）实施方案

近日，中共中央办公厅、国务院办公厅印发了《国家生态文明试验区（海南）实施方案》，并发出通知，要求有关地区和部门结合实际认真贯彻落实。

《国家生态文明试验区（海南）实施方案》全文如下。

为贯彻落实党中央、国务院关于生态文明建设的总体部署，进一步发挥海南省生态优势，深入开展生态文明体制改革综合试验，建设国家生态文明试验区，根据《中共中央、国务院关于支持海南全面深化改革开放的指导意见》和中央办公厅、国务院办公厅印发的《关于设立统一规范的国家生态文明试验区的意见》，制定本实施方案。

一、总体要求

（一）指导思想。以习近平新时代中国特色社会主义思想为指导，深入贯彻党的十九大和十九届二中、三中全会精神，全面贯彻习近平生态文明思想，紧紧围绕统筹推进"五位一体"总体布局和协调推进"四个全面"战略布局，按照党中央、国务院决策部署，坚持新发展理念，坚持改革创新、先行先试，坚持循序渐进、分类施策，以生态环境质量和资源利用效率居于世界领先水平为目标，着力在构建生态文明制度体系、优化国土空间布局、统筹陆海保护发展、提升生态环境质量和资源利用效率、实现生态产品价值、推行生态优先的投资消费模式、推动形成绿色生产生活方式等方面进行探索，坚定不移走生产发展、生活富裕、生态良好的文明发展道路，推动形成人与自然和谐共生的现代化建设新格局，谱写美丽中国海南篇章。

（二）战略定位

——生态文明体制改革样板区。健全生态环境资源监管体系，着力提升生态环境治理能力，构建起以巩固提升生态环境质量为重点、与自由贸易试验区和中国特色自由贸易港定位相适应的生态文明制度体系,为海南持续巩固保持优良生态环境质量、努力向国际生态环境质量标杆地区看齐提供制度保障。

——陆海统筹保护发展实践区。坚持统筹陆海空间,重视以海定陆,协调匹配好陆海主体功能定位、空间格局划定和用途管控,建立陆海统筹的生态系统保护修复和污染防治区域联动机制,促进陆海一体化保护和发展。深化省域"多规合一"改革,构建高效统一的规划管理体系,健全国土空间开发保护制度。

——生态价值实现机制试验区。探索生态产品价值实现机制,增强自我造血功能和发展能力,实现生态文明建设、生态产业化、脱贫攻坚、乡村振兴协同推进,努力把绿水青山所蕴含的生态产品价值转化为金山银山。

——清洁能源优先发展示范区。建设"清洁能源岛",大幅提高新能源比重,实行能源消费总量和强度双控,提高能源利用效率,优化调整能源结构,构建安全、绿色、集约、高效的清洁能源供应体系。

实施碳排放控制,积极应对气候变化。

(三)主要目标。通过试验区建设,确保海南省生态环境质量只能更好、不能变差,人民群众对优良生态环境的获得感进一步增强。到 2020 年,试验区建设取得重大进展,以海定陆、陆海统筹的国土空间保护开发制度基本建立,国土空间开发格局进一步优化;突出生态环境问题得到基本解决,生态环境治理长效保障机制初步建立,生态环境质量持续保持全国一流水平;生态文明制度体系建设取得显著进展,在推进生态文明领域治理体系和治理能力现代化方面走在全国前列;优质生态产品供给、生态价值实现、绿色发展成果共享的生态经济模式初具雏形,经济发展质量和效益显著提高;绿色、环保、节约的文明消费模式和生活方式得到普遍推行。城镇空气质量优良天数比例保持在 98% 以上,细颗粒物(PM$_{2.5}$)年均浓度不高于 18 微克/立方米并力争进一步下降;基本消除劣 V 类水体,主要河流湖库水质优良率在 95% 以上,近岸海域水生态环境质量优良率在 98% 以上;土壤生态环境质量总体保持稳定;水土流失率控制在 5% 以内,森林覆盖率稳定在 62% 以上,守住 909 万亩永久基本农田,湿地面积不低于 480 万亩,海南岛自然岸线保有率不低于 60%;单位国内生产总值能耗比 2015 年下降 10%,单位地区生产总值二氧化碳排放比 2015 年下降 12%,清洁能源装机比重提高到 50% 以上。

到 2025 年,生态文明制度更加完善,生态文明领域治理体系和治理能力现代化水平明显提高;生态环境质量继续保持全国领先水平。

到 2035 年,生态环境质量和资源利用效率居于世界领先水平,海南成为展示美丽中国建设的靓丽名片。

二、重点任务

(一)构建国土空间开发保护制度

1. 深化"多规合一"改革。深入落实主体功能区战略,完善主体功能区配套制度和政策,按照国土空间规划体系建设要求,完善《海南省总体规划(空间类 2015—2030)》和各市县总体规划,建立健全规划调整硬约束机制,坚持一张蓝图干到底。划定海洋生物资源保护线和围填海控制线,严格自然生态空间用途管制。到 2020 年陆域生态保护红线面积占海南岛陆域总面积不少于 27.3%,近岸海域生态保护红线面积占海南岛近岸海域总面积不少于 35.1%。科学规划机场、铁路、高速公路以及工业企业选址,及时划定调整声环境功能区,从规划层面预防和控制噪声污染。建立常态化、实时化规划督查机制,运用国土空间规划基础信息平台对规划实施进行监测预警和监督考核,适时开展规划实施评估。建立规划动态调整机制,适应经济社会发展新需求。

2. 推进绿色城镇化建设。因地制宜推进城镇化,在保护原生生态前提下,打造一批体现海南特色热带风情的绿色精品城镇。加强城市特色风貌和城市设计,合理控制建筑体量、高度和规模,保护自然景观和历史文化风貌。在路网、光网、电网、气网、水网等基础设施规划和建设中,坚持造价服从生态,形成绿色基础设施体系。落实海绵城市建设要求,全面开展"生态修复、城市修补"工程,实施城市更新计划,妥善解决城镇防洪和排水防涝安全、雨水收集利用、供水安全、污水处理、河湖治理等问题。在海口、三亚重点城区大力推行海绵城市建设、垃圾分类处理、地下空间开发利用和新型节能环保低碳技术应用。

3. 大力推进美丽乡村建设。实施乡村振兴战略,以"美丽海南百镇千村"为抓手,扎实有效推进宜居宜业宜游的美丽乡村建设。建立完善村镇规划编制机制,开展引导和支持设计下乡工作,强化村庄国土空间管控,按"一村一品、一村一景、一村一韵"的要求,保护好村庄特色风貌和历史文脉。加强村庄规划管理,使建筑、道路与自然景观浑然一体、和谐相融。大力开展农村人居环境综合整治,补齐农村环保基础设施、农村河湖水系系统治理保护短板。到 2020 年"美丽海南百镇千村"建设取得明显成效。

4. 建立以国家公园为主体的自然保护地体系。制定实施海南热带雨林国家公园体制试点方案,组建海南热带雨林国家公园统一管理机构。整合重组海洋自然保护地。按照自然生态系统整体性、系统性及其内在规律实行整体保护、系统修复、综合治理,理顺各类自然保护地管理体制,构建以国家公园为主体、归属清晰、权责明确、监管有效的自然保护地体系。加强自然保护区监督管理,2019 年年底前完成海南省自然保护区发展规划修编,扩大、完善和新建一批国家级、省级自然保护区。2020 年年底前完成自然保护区勘界立标、自然资源统一确权登记试点等工作。逐步建立空天地一体化、智能化的自然保护地监测和预警体系。

（二）推动形成陆海统筹保护发展新格局

1. 加强海洋环境资源保护。严格按照主体功能定位要求，加强海岸带保护，2019 年年底前编制完成海南省海岸带保护与利用综合规划，实施海岸带分类分段精细化管控，推动形成海岸带生态、生产、生活空间的合理布局。实施最严格的围填海管控和岸线开发管控制度，除国家重大战略项目外，全面停止新增围填海项目审批。加快处理围填海历史遗留问题。到 2020 年全省海岛保持现有砂质岸线长度不变。严控无居民海岛自然岸线开发利用。2020 年年底前编制完成海南省海洋自然资源资产负债表。加强海洋生态系统和海洋生物多样性保护，开展海洋生物多样性调查与观测，恢复修复红树林、海草床、珊瑚礁等典型生态系统，加大重要海洋生物资源及其栖息地保护力度，加强海洋类型各类保护地建设和规范管理。在三沙市开展岛礁生态环境综合整治专项行动，实施岛礁生态保护修复工程。

2. 建立陆海统筹的生态环境治理机制。结合第二次全国污染源普查,全面清查所有入海(河)排污口,实行清单管理,强化对主要入海河流污染物和重点排污口的监测。完善陆源污染物排海总量控制和溯源追究制度,在海口市开展入海污染物总量控制试点,2019年制定海南省重点海域入海污染物总量控制实施方案。建立海洋资源环境承载能力监测预警机制,构建海洋生态灾害和突发生态环境事件应急体系,建立海湾保护责任体系。出台海南省蓝色海湾综合整治实施方案,在全省各主要港口全面建立和推行船舶污染物接收、转运、处置监管联单制度,港口所在地政府统筹规划建设船舶污染物接收转运处置设施,着力加强船舶油污水、化学品洗舱水转运处置能力建设,确保港口和船舶污染物接收设施与城市转运、处置设施的有效衔接,强化船舶、港口和海水养殖等海上污染源防控。加快建立"海上环卫"制度,有效治理岸滩和近海海洋垃圾。

3. 开展海洋生态系统碳汇试点。调查研究海南省蓝碳生态系统的分布状况以及增汇的路径和潜力,在部分区域开展不同类型的碳汇试点。保护修复现有的蓝碳生态系统。结合海洋生态牧场建设,试点研究生态渔业的固碳机制和增汇模式。开展蓝碳标准体系和交易机制研究,依法合规探索设立国际碳排放权交易场所。

(三)建立完善生态环境质量巩固提升机制

1. 持续保持优良空气质量。科学合理控制全省机动车保有量,开展柴油车污染专项整治,加快淘汰国Ⅲ及以下排放标准的柴油货车、采用稀薄燃烧技术或"油改气"的老旧燃气车辆。实施非道路移动机械第四阶段排放标准,划定并公布禁止使用高排放非道路移动机械的区域。港口新增和更换的作业机械、车辆主要使用新能源或清洁能源。鼓励淘汰高排放老旧运输船舶,加强渔业船舶环保监管。船舶进入沿海控制区海南水域应严格执行相关船舶排放控制要求。大力推进船舶靠港使用岸电,免收需量(容量)电费,降低岸电使用成本。鼓励液化天然气(LNG)动力船舶发展。沿海港口新增、更换拖船优先使用清洁能源。建立完善城市(镇)扬尘污染防治精细化管理机制。加强餐饮油烟、烟花爆竹燃放等面源污染防控,全面禁止秸秆露天焚烧、土法熏烤槟榔。实施跨省域大气污染联防联控,构建区域重大建设项目环境管理会商机制。对标世界领先水平,研究制定环境空气质量分阶段逐步提升计划。

2.完善水资源生态环境保护制度。坚持污染治理和生态扩容两手发力。全面推行河长制湖长制,出台海南省河长制湖长制规定,完善配套机制,加强围垦河湖、非法采砂、河道垃圾和固体废物堆放、乱占滥用岸线等专项整治,严格河湖执法。加强南渡江、松涛水库等水质优良河流湖库的保护,严格规范饮用水水源地管理。建立重点治理水体信息公开制度、对水质未达标或严重下降地方政府负责人约谈制度。加强河湖水域岸线保护与生态修复,科学规划、严格管控滩涂和近海养殖,推行减船转产和近海捕捞限额管理,推动渔业生产由近岸向外海转移、由粗放型向生态型转变。按照确有需要、生态安全、可以持续的原则,完善海岛型水利设施网络,为海南实现高质量发展提供水安全保障。在重点岛礁、沿海缺水城镇建设海水淡化工程。全面禁止新建小水电项目,对现有小水电有序实施生态化改造或关停退出,保护修复河流水生态。严控地下水、地热温泉开采。

3.健全土壤生态环境保护制度。实施农用地分类管理,建立海南省耕地土壤生态环境质量类别划定分类清单,强化用途管制,严格防控农产品超标风险。建立建设用地土壤污染风险管控和修复名录，完善部门间污染地块信息沟通机制，实现联动监管，严格用地准入，将建设用地土壤生态环境管理要求纳入国土空间规划和供地管理。全面实行规模养殖场划分管理，依法关闭禁养区内规模养殖场，做好搬迁或转产工作，鼓励养殖废弃物集中资源化利用。推进病虫害绿色防控替代化学防治，实施化肥和农药减施行动。

4. 实施重要生态系统保护修复。实施天然林保护、南渡江昌化江万泉河三大流域综合治理和生态修复、水土流失综合防治、沿海防护林体系建设等重要生态系统保护和修复重大工程。全面实施林长制，落实森林资源保护管理主体、责任、内容和经费保障。按照生态区位重要程度和商品林类型分类施策，严格保护天然林、生态公益林，封禁保护原始森林群落，鼓励在重点生态区位推行商品林赎买试点，探索通过租赁、置换、地役权合同等方式规范流转集体土地和经济林，逐步恢复和扩大热带雨林等自然生态空间。实施国家储备林质量精准提升工程，建设海南黄花梨、土沉香、坡垒等乡土珍稀树种木材储备基地。实行湿地资源总量管控，建立重要湿地监测评价预警机制。严格实施《海南省湿地保护条例》,开展重要湿地生态系统保护与恢复工程。支持海口市国际湿地城市建设。实施生物多样性保护战略行动计划,构建生态廊道和生物多样性保护网络,加强对极小种群野生植物、珍稀濒危野生动物和原生动植物种质资源拯救保护,加强外来林业有害生物预防和治理,提升生态系统质量和稳定性。

5.加强环境基础设施建设。加快城镇污水处理设施配套管网建设,统筹推进主干管网、支管网、入户管建设与驳接,治理河湖海水倒灌、管网错接混接,因地制宜实施老旧城区雨污管网分流改造,着力解决污水处理厂进水浓度低和系统效能不高问题。到2020年全省县城以上城镇污水处理率达85%以上,污泥基本实现无害化处置。按照补偿污水处理和污泥处置设施运营成本并合理盈利的原则,合理调整污水处理费征收标准。对已建成污水处理厂的建制镇全面建立污水处理收费制度。加快推进农村生活污水处理设施建设,到2020年实现行政村(含农林场场队)处理设施覆盖率显著提升。到2020年基本实现全省生活垃圾转运体系全覆盖,生活垃圾无害化处理率达到95%以上,统筹布局、高标准建设生活垃圾焚烧发电项目,大幅提升焚烧处置比例。着力提升危险废物处置利用能力,加快推进医疗废物处置设施扩能增容。

(四)建立健全生态环境和资源保护现代监管体系

1. 建立具有地方特色的生态文明法治保障机制。以生态环境质量改善为目标,推动出台清洁能源推广、全面禁止使用一次性不可降解塑料制品、垃圾强制分类处置、污染物排放许可、生态保护补偿、海洋生态环境保护等领域的地方性法规或规范性文件,加快构建与自身发展定位相适应的生态文明法规制度体系。突出目标导向,研究构建全面、科学、严格的地方绿色标准体系,编制绿色标准明细表和重点标准研制清单,出台实施生态环境质量、污染物排放、行业能耗等地方标准,以严格标准倒逼生产生活方式绿色转型。严格行政执法,对各类生态环境违法行为依法严惩重罚。强化生态环境司法保护,深化环境资源审判改革,推进环境资源审判专门化建设。完善司法机关环境资源司法职能和机构配置,探索以流域、自然保护地等生态功能区为单位的跨行政区划集中管辖机制,推行环境资源刑事、行政、民事案件"三合一"归口审理模式。健全生态环境行政执法与刑事司法的衔接机制。坚持发展与保护并重,打击犯罪和修复生态并举,全面推行生态恢复性司法机制。在珊瑚礁保护修复、海上溢油污染赔偿治理等方面充分发挥司法手段的作用。完善环境和资源保护公益诉讼制度,探索生态环境损害赔偿诉讼审理规则。推进构建科学、公平、中立的环境资源鉴定评估制度,加强生态环境损害司法鉴定机构和鉴定人的管理,依法发挥技术专家的作用。建立健全统一规范的环境和资源保护公益诉讼、生态环境损害赔偿诉讼专项资金的管理、使用、审计监督以及责任追究等制度,推进生态环境修复机制建设。

2. 改革完善生态环境资源监管体制。科学配置机构职责和机构编制资源,加快设立海南省各级国有自然资源资产管理和自然生态监管机构。实行省以下生态环境机构监测监察执法垂直管理。整合生态环境保护行政执法职责、队伍,组建生态环境保护综合行政执法队伍,统一实行生态环境保护行政执法。健全流域海域生态环境管理机制。建立健全基层生态环境保护管理体制,乡镇(街道)明确承担生态环境保护责任的机构和专门人员;落实行政村生态环境保护责任,解决农村生态环境保护监管"最后一公里"问题。

3.改革完善生态环境监管模式。严守生态保护红线、生态环境质量底线、资源利用上线,建立生态环境准入清单。以改善生态环境质量和提高管理效能为目标,建立健全以污染物排放许可制为重点、各项制度有机衔接顺畅的环境管理基础制度体系。深入推进排污许可制度改革,出台排污许可证管理地方性法规,对排污单位实行从环境准入、排污控制到执法监管的"一证式"全过程管理。健全环保信用评价、信息强制性披露、严惩重罚等制度。建立环境污染"黑名单"制度,使环保失信企业处处受限。逐步构建完善环保信用评价等级与市场准入、金融服务的关联机制,实行跨部门联合奖惩,强化环保信用的经济约束。2019年出台海南省环保信用评价办法(试行)。建立省内重点污染源名录单位环境信息强制性披露机制,出台相关实施办法,构建统一的信息披露平台。

4.建立健全生态安全管控机制。实行最严格的进出境环境安全准入管理机制,禁止"洋垃圾"输入。加强南繁育种基地外来物种环境风险管控和基因安全管理,建立生态安全和基因安全监测、评估及预警体系。研究建立系统完整规范的资源环境承载能力综合评价指标体系,定期编制重点区域承载力监测预警报告,完善公示、预警提醒、限制性措施、考核监督等配套制度。围绕服务能源储备基地建设、海洋油气资源开发等,完善区域环境安全预警网络和突发环境事件应急救援能力建设,提高风险防控、应急处置和区域协作水平。

5. 构建完善绿色发展导向的生态文明评价考核体系。全面建立完善以保护优先、绿色发展为导向的经济社会发展考核评价体系,强化资源消耗、环境损害、生态效益等指标约束。完善政绩考核办法,根据主体功能定位实行差别化考核制度。出台海南省生态文明建设目标评价考核实施细则(试行)和绿色发展指标体系、生态文明建设考核目标体系。压紧压实海南省各级党委和政府生态环境保护责任,实行"党政同责、一岗双责"。开展省级和试点市县自然资源资产负债表试编,2020年正式编制全省及各市县自然资源资产负债表。对领导干部实行自然资源资产离任审计,建立经常性审计制度。出台开展领导干部自然资源资产离任审计工作的实施意见,按照全覆盖要求建立轮审制度,探索建立自然资源与生态环境信息面向审计机关的开放共享机制。将生态环境损害责任追究与政治巡视、生态环境保护督察等紧密联系,发挥制度叠加效应。

（五）创新探索生态产品价值实现机制

1. 探索建立自然资源资产产权制度和有偿使用制度。结合第三次全国国土调查,查清各类自然资源分布、土地利用现状及权属情况。选择海口市、三亚市、文昌市、保亭县、昌江县作为省级试点,开展水流、森林、山岭、荒地、滩涂以及探明储量的矿产资源等全要素自然资源资产统一确权登记,出台试点工作方案。开展国有自然资源资产所有权委托代理机制试点。推动将集体土地、林地等自然资源资产折算转变为企业、合作社的股权,资源变资产、农民变股东,让农民长期分享产权收益。探索建立水权制度,在赤田水库流域开展水权试点。完善全民所有自然资源资产评估方法和管理制度,将生态环境成本纳入价格形成机制。2019 年年底前出台海南省全民所有自然资源资产有偿使用制度实施方案,选取典型区域试点研究国有森林资源有偿使用制度,深入开展海域、无居民海岛有偿使用实践,开展无居

18

民海岛使用权市场化出让试点。

2. 推动生态农业提质增效。全面建设生态循环农业示范省,加快创建农业绿色发展先行区,推进投入品减量化、生产清洁化、产品品牌化、废弃物资源化、产业模式生态化的发展模式。围绕实施乡村振兴战略,做强做优热带特色高效农业,打造国家热带现代农业基地,培育推广绿色优质安全、具有鲜明特色的海南农产品品牌,保护地理标志农产品,加强农业投入品和农产品质量安全追溯体系建设,形成"一村一品、一乡一业"。实施农产品加工业提升行动,支持槟榔、咖啡、南药、茶叶等就地加工转化增值,完善现代化仓储、物流、电子商务服务体系。加强国家南繁科研育种基地(海南)建设,打造国家热带农业科学中心。支持海南建设现代化海洋牧场。探索包括"保险+期货"在内的价格保险、收入保险等试点,保障农民收益,稳定农业生产。建立以绿色生态为导向的农业补贴制度,按规定统筹整合相关支农资金,用于鼓励和引导科学施肥用药、绿色防控、生态养殖等。

3. 促进生态旅游转型升级和融合发展。加快建设全域旅游示范省,充分发挥海南特有的热带海岛旅游资源优势,推动生态型景区和生态型旅游新业态新产品开发建设,构建以观光旅游为基础、休闲度假为重点、文体旅游和健康旅游为特色的生态旅游产业体系。统筹衔接生态旅游开发与生态资源保护,对重点旅游景区景点资源和热带雨林、海岸带、海岛旅游资源,由省级进行统一规划、统筹指导,禁止低水平、低品质开发建设。探索建立资源权属清晰、产业融合发展、利益合理共享的生态旅游发展机制,鼓励对农村宅基地、闲置房屋进行改造利用,发展度假民宿等新型住宿业态,建设一批设施完备、功能多样的休闲观光园区、森林人家、渔村渔家、康养基地,创建一批特色生态旅游示范村镇、黎苗文化特色村寨精品旅游线路。

4.开展生态建设脱贫攻坚。对自然灾害高风险区域内的居民有计划、有重点、分步骤地实施生态搬迁,对迁出区进行生态恢复修复;按区位就近、适宜就业、便利生活为原则规划建设集中安置点,确保搬迁居民的基本公共服务保障水平、收入水平和生活水平有明显提升。利用城乡建设用地增减挂钩政策等,建立健全生态搬迁后续保障机制。在国家级、省级自然保护区依法合规探索开展森林经营先行先试,依法稳定集体林地承包权、放活经营权、保障收益权,拓展经营权能,推行林权抵押贷款,有效盘活林木林地资源,惠及广大林农和林区职工。选聘建档立卡贫困人口担任生态护林员,拓宽贫困人口就业和增收渠道。

5. 建立形式多元、绩效导向的生态保护补偿机制。中央财政性资金加大对海南重点生态功能区的支持力度。加快完善生态保护成效与财政转移支付资金分配相挂钩的生态保护补偿机制,根据绩效考核结果,实施相应奖惩措施。完善生态公益林补偿机制,实行省级公益林与国家级公益林补偿标准联动。在赤田水库流域和南渡江、大边河、昌化江、陵水河流域开展试点,实行以水质水量动态评估为基础、市县间横向补偿与省级资金奖补相结合的补偿机制。出台海南省流域上下游横向生态保护补偿试点实施方案。健全生态保护补偿机制的顶层设计,2020 年年底前出台海南省生态保护补偿条例,明确生态保护补偿的领域区域、补偿标准、补偿渠道、补偿方式以及监督考核等内容。

6. 建立绿色金融支持保障机制。支持海南开展绿色金融改革创新试点。发展绿色信贷,建立符合绿色产业和项目特点的信贷管理与监管考核制度，支持银行业金融机构加大对绿色企业和项目的信贷支持。鼓励开展集体林权抵押、环保技术知识产权质押融资业务，探索开展排污权和节能环保、清洁生产、清洁能源企业的收费权质押融资创新业务。推动绿色资产证券化。鼓励社会资本设立各类绿色发展产业基金，参与节能减排降碳、污染治理、生态修复和其他绿色项目。发展绿色保险，探索在环境高风险、高污染行业和重点防控区域依法推行环境污染强制责任保险制度。建立完善排污权、碳排放权等环境权益的交易制度。

（六）推动形成绿色生产生活方式

1.建设清洁能源岛。加快构建安全、绿色、集约、高效的清洁能源供应体系。大力推行"削煤减油"，逐步加快燃煤机组清洁能源替代，到2020年淘汰达不到超低排放要求的企业自备燃煤机组，各市县建成区范围内全面淘汰35蒸吨/小时及以下燃煤小锅炉。编制出台海南省清洁能源汽车发展规划，加快充电桩等基础设施建设，加快推广新能源汽车和节能环保汽车，在海南岛逐步禁止销售燃油汽车。加大天然气资源开发利用力度，加快推进东方气田、陵水气田、文昌至三亚天然气东部管线项目，按需有序推进清澜、洋浦、万宁、琼海气电项目规划建设，全面实施城镇燃气工程，在切实落实气源的前提下全面推广农村用气。加快推进昌江核电二期，有序发展光伏、风电等新能源，推进海洋能发电示范。推动清洁低碳能源优先上网，拓宽清洁能源消纳渠道。结合智能电网升级改造、现代农村电网建设、微电网示范建设、蓄能供冷等新型储能技术，实现可再生能源的规模化应用。

2. 全面促进资源节约利用。实施能源消费总量和强度双控行动，制定碳排放达峰路线图，提升各领域各行业节能标准要求。大力推行园区集中供热、特定区域集中供冷、超低能耗建筑、高效节能家电等，推广合同能源管理，完善市场化节能机制。到2020年全省能耗总量控制在2598万吨标准煤以内。实行最严格的节约用地制度，实施建设用地总量和强度双控行动，确保全省建设用地总量在现有基础上不增加，人均城镇工矿用地和单位地区生产总值建设用地使用面积稳步下降。实行城市土地开发整理新模式，推进城市更新改造，对低效、零散用地进行统筹整合、统一开发。继续深化全省闲置建设用地清理处置,推动低效土地再开发利用。建设用地指标主要用于基础设施和重大产业项目。针对不同产业类别、不同区域,将单位土地投资强度、产值等作为经营类建设用地出让控制指标,实施产业项目用地准入协议制度,建立履约评价和土地退出机制,提高土地利用效益。全面实施节水行动,落实最严格水资源管理制度,实施用水总量和强度双控行动。加快推进节水型社会、节水型城市和各类节水载体建设,深入推进农业水价综合改革,2020年年底前全面实行城镇非居民用水超定额累进加价制度。有计划、分阶段、分区域地推进装配式建筑发展,提高新建绿色建筑比例。

3. 加快推进产业绿色发展。支持海南制定实施产业结构调整负面清单和落后产能淘汰政策,开展"散乱污"企业综合整治,全面禁止高能耗、高污染、高排放产业和低端制造业发展,推动现有制造业向智能化、绿色化和服务型转变。培育壮大节能环保产业、清洁生产产业、清洁能源产业。以产业园区和重点工程建设为依托,广泛推行环境污染第三方治理和合同环境服务。推动低碳循环、治污减排、监测监控等核心环保技术工艺、成套产品、材料药剂研发与产业化。制定实施"限塑令",2020年年底前在全省范围内全面禁止生产、销售和使用一次性不可降解塑料袋、塑料餐具等。推进快递绿色包装产品使用,2020年基本实现省内同城快递业务绿色包装应用全覆盖。推行生产者责任延伸制度,探索在全岛范围内采取押金制等方式回收一次性塑料标准包装物、铅酸蓄电池、锂电池、农药包装物等。鼓励生产企业加快建立动力电池回收体系。

4. 推行绿色生活方式。加快推行生活垃圾强制分类制度,选取海口市等具备条件的城市先行实施。出台海南省生活垃圾分类管理条例和海南省垃圾分类收集处理标准体系。在教育、职业培训等领域探索共享经济发展新模式。提倡绿色出行,优先发展公共交通,提高公共交通机动化出行分担率,促进小微型客车租赁和自行车互联网租赁规范健康发展。将生态文明教育纳入国民教育、农村夜校、干部培训和企业培训体系,融入社区规范、村规民约、景区守则。将生态文明教育摆在中小学素质教育的突出位置,完善课程体系,丰富教育实践。挖掘海南本土生态文化资源,创作一批生态文艺精品,创建若干生态文明教育基地。积极创建节约型机关、绿色家庭、绿色学校、绿色社区、绿色出行、绿色商场、绿色建筑等。2019年全面推行绿色产品政府采购制度,优先或强制采购绿色产品。支持引导社会组织、志愿者在生态环境监管、环保政策制定、监督企业履行环保责任等方面发挥积极作用,健全举报、听证、舆论监督等公众参与机制,构建全民参与的社会行动体系。

三、保障措施

(一)加强组织领导。海南省各级党委和政府要全面贯彻党中央、国务院决策部署,把生态文明建设摆在全局工作突出地位,坚决落实生态文明建设和生态环境保护责任。按照本方案要求,从实际出发,研究细化分阶段、分年度、分区域的工作目标和重点任务,制定具体措施,明确时间表、路线图,推动各项政策措施落地见效,切实解决群众关切的突出问题。中央和国家机关有关部门要认真贯彻落实本方案提出的任务措施,加强对海南建设生态文明试验区的指导和支持,强化沟通协作,协调解决方案落实中的困难和问题。进一步理顺工作管理体制,强化陆海统筹和涉海综合管理。

（二）引进培养人才。引进和培养一批生态文明建设领域的领军人才、高层次创新人才，打造高素质专业化干部队伍。加强海南与国内外生态文明水平领先地区的学习交流。支持海南大学等科研院所培育发展与生态文明建设密切相关的优势学科专业、重点实验室。鼓励国内外知名科研院所在海南设立分支机构，开展与生态文明建设密切相关课题研究。创新"候鸟型"人才引进和使用机制，设立"候鸟"人才工作站。

（三）强化法治保障。海南省人大及其常委会可以充分利用经济特区立法权，制定海南特色地方性法规，为推进试验区建设提供有力法治保障。试验区重大改革措施涉及突破现行法律法规规章和规范性文件规定的，要按程序报批，取得授权后施行。

（四）开展效果评估。及时总结生态文明试验成果，加强对改革任务落实情况的跟踪分析、督促检查和效果评估。对试验过程中发现的问题和实践证明不可行的举措，要及时予以调整，提出相关建议。

（五）整合试点示范。整合资源集中开展试点试验，将已经部署开展的儋州市、琼海市、万宁市等综合性生态文明先行示范区统一整合，以国家生态文明试验区(海南)名称开展工作;将海南省省域"多规合一"试点、三亚市"城市修补、生态修复"试点、三沙市和三亚市国家级海洋生态文明建设示范区等各类专项生态文明试点示范,统一纳入国家生态文明试验区(海南)平台整体推进、形成合力。

（新华社北京 2019 年 5 月 13 日电）